単相誘導電動機・特殊誘導電動機

荻野 昭三 著

「d-book」シリーズ

http：//euclid.d-book.co.jp/

電気書院

目　次

1　単相誘導電動機
1・1　単相誘導電動機の原理 …………………………………………………………… 1
1・2　単相誘導電動機の等価回路と特性 ………………………………………………… 4
1・3　単相誘導電動機の始動法 …………………………………………………………… 9
1・4　コンデンサ分相形単相誘導電動機 ………………………………………………… 15

2　特殊かご形誘導電動機
2・1　二重かご形電動機 …………………………………………………………………… 19
2・2　深みぞ形電動機 ……………………………………………………………………… 22

3　誘導周波数変換機
3・1　周波数変換を行う原理 ……………………………………………………………… 25
3・2　誘導周波数変換機の入力と出力と回転速度 ……………………………………… 26

演習問題　29

1 単相誘導電動機

1・1 単相誘導電動機の原理

単相誘導電動機　単相誘導電動機が三相あるいは多相誘導電動機と異なる最大の点はそれ自身始動トルクを有しないことである．しかし，何らかの手段によってわずかでも始動加速を与えれば自らトルクを生じて運転が可能となる．この何かの手段が後述する始動方式であり，これによって単相誘導電動機は種々の名称と形態をとることになる．

このように単相誘導電動機は始動トルクを有しないにもかかわらず，なんらかの加速を受けるとその方向に自分で回転を始めるということに対して，つぎのような二通りの考え方がある．その一つは回転磁界説であり他の一つは交差磁界説である．

回転磁界　**(1) 回転磁界説**

単相誘導電動機の回転子が静止しているときには図1・1に示しているように，電動機のギャップを通る磁束はYY'軸の方向で交番的に変化するだけである．しかしながら交流理論で述べている対称座標法の考え方を適用するならば，単に時間的に

$$\phi = \Phi_m \cos \omega t$$

の変化しか行われていない磁束を正相分磁束ϕ_Pと逆相分磁束ϕ_Nとに分けて考えることができる（三相交流が不平衡した場合の極端な場合として単相を思い出されたい）．

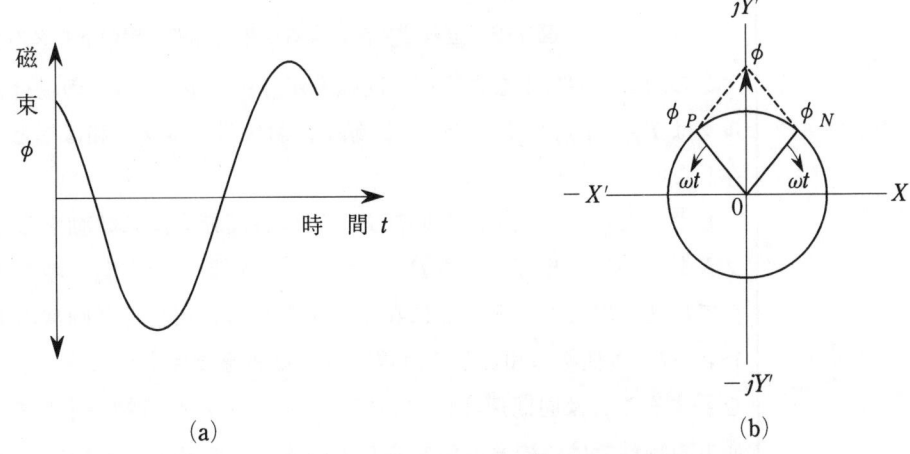

図1・1　回転磁界説における交番磁束と回転磁束の成分

すなわち

1 単相誘導電動機

$$\left. \begin{array}{l} \phi_P = \Phi_P \varepsilon^{j\omega t} = \left(\dfrac{\Phi_m}{2}\right)(\cos\omega t + j\sin\omega t) \\ \phi_N = \Phi_N \varepsilon^{-j\omega t} = \left(\dfrac{\Phi_m}{2}\right)(\cos\omega t - j\sin\omega t) \end{array} \right\} \qquad (1\cdot1)$$

<small>交番磁束</small>
<small>回転磁束</small>

となるわけであって,図示の虚軸YY'に対して大きさが交番磁束の最大値Φ_mの1/2で互いに反対方向に同期速度で回転する二つの磁束の成分である.もちろんその一つ一つはそれぞれ反時計方向および時計方向の純然たる回転磁束である.そしてそれぞれの合成である交番磁束は

$$\phi_P + \phi_N = \Phi_m \cos\omega t = \phi$$

となる.

<small>トルク回転速度特性</small>

回転磁束によって回転子が発生するトルクはすでに説明したとおりであり,普通かご形の場合には正相逆相それぞれの磁束について図1・2のPおよびNのトルク回転速度特性を考えることができる.図中横軸の滑り線より上半分は正相磁束によるもので,$0\,T_{P1}$の間は電動機,T_{P1},T_{P2}の間は制動機の範囲を示す.また下半分は逆相分によるもので回転子の回転方向に対して電動機運転,制動機運転は正相分の場合と反対になる.

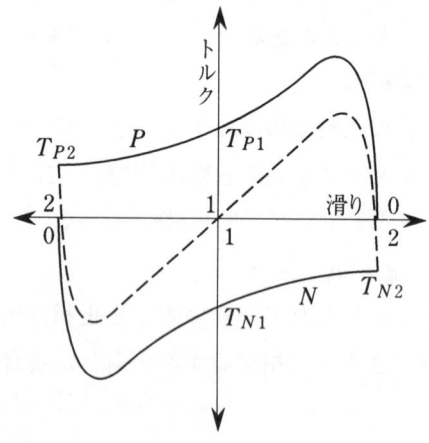

図1・2 回転磁界説による単相誘導電動機のトルクの分解

<small>始動トルク</small>

この図より明らかなように,回転子が静止(滑り=1)の場合には両成分によるトルクは$T_{P1}=T_{N1}$であるため,回転子におけるトルクの和は零となり始動トルクが存在しない.

しかしながら回転子が左回転あるいは右回転方向に始動するならば,逆相分トルクNあるいは正相分トルクPのいずれかが始動した方向に増大することになり,自身で加速を増大させることになる.すなわち単相誘導電動機のトルク速度特性は図1・2のP,N曲線の和として点線で示した曲線で与えられることになる.ここで注意を要することは同期速度において,一方のトルク特性が零になるにもかかわらず,他方の特性では負のある値を有している.それゆえ,点線で与えられるトルク特性は同期速度よりわずかに低い速度で零になり,完全同期速度ではかえって負のトルクを有する.したがって無負荷速度は多相誘導電動機の場合よりわずかに低くなる.

<small>無負荷速度</small>
<small>交差磁界</small>
<small>直交磁界</small>

(2) 交差磁界(または直交磁界)説

単相一次巻線に電圧Vを与えた場合,これより時間的に約90°遅れて励磁電流$\dot{I}_0$が

が流れて同時に交番磁束Φ_yを生ずる．一方回転子導体にはこの磁束によって変圧器の二次巻線と同様に，電流$\dot{I}_{2y}$が図1・3のようなxx'軸上の空間的位置において流れることになる．そのときの諸量のベクトル図は図1・4となる．

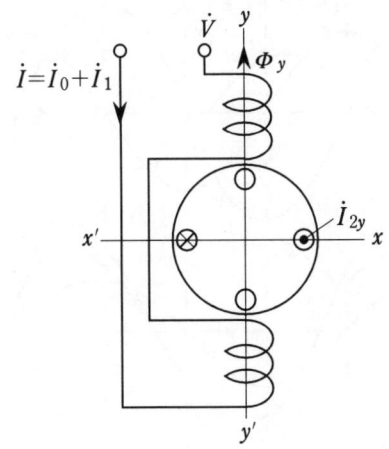

図1・3 交差磁界説における変圧器電流分布

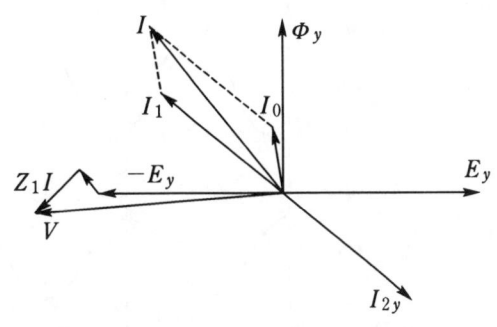

図1・4 交差磁界説における停止中のベクトル図

速度起電力

このような状態に対して回転子を外部よりなんらかの方法でたとえば時計方向に回転させるものとする．このときは静止時に電圧を誘起しなかったyy'軸上の導体には磁束Φ_yを切るために速度起電力E_xを誘起し，二次のインピーダンスによってある角度時間的に遅れた電流I_{2x}が流れ，これと同時に回転子電流によってxx'上に磁束Φ_xを図1・5のように作ることになる．

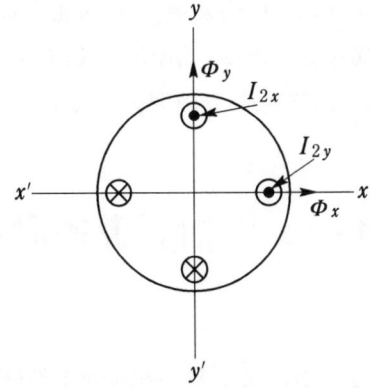

図1・5 交差磁界説における変圧器電流と速度起電力による電流の分布

Φ_y，Φ_x，I_{2y}，I_{2x}の空間的分布は図1・5のとおりであるが，電動機としてトルクを考えるのにはこの諸量の時間的関係を知る必要がある．図1・6はこの関係を時間の経過に対する波形で示したもので，トルクは図示しているように磁束Φ_yと回転子

1 単相誘導電動機

合成トルク　電流 I_{2x} および磁束 Φ_x と回転子電流 I_{2y} との積の和で表わされる．そして電動機としてそれらの合成トルクが正味軸端に発生することになる．

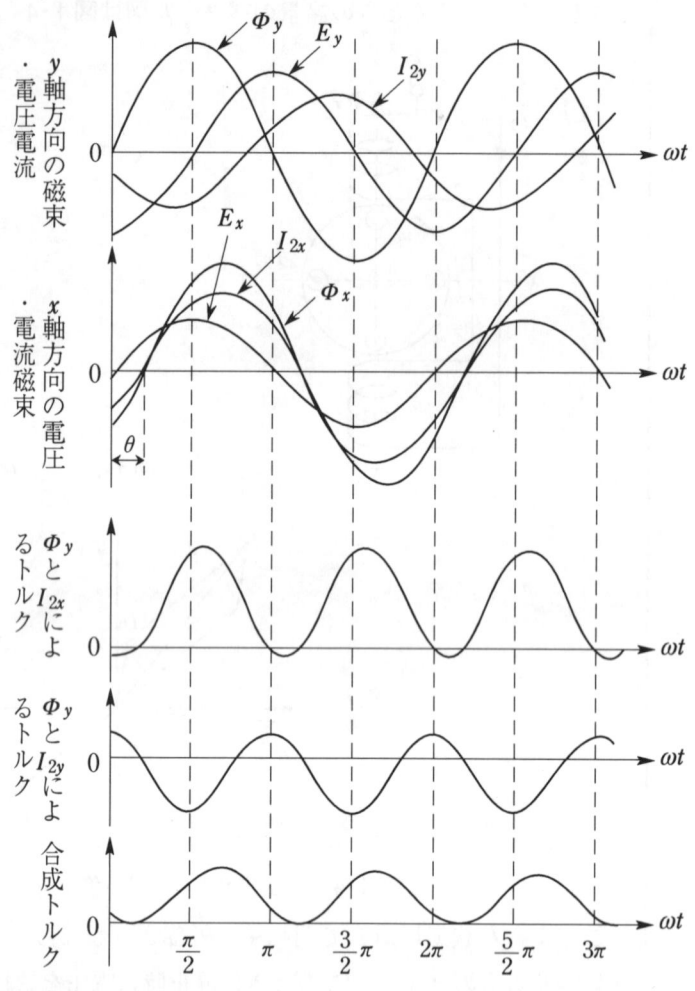

図 1·6　交差磁界説による磁束と電流とトルクの時間の経過に対する関係

脈動トルク　しかもこの電動機の発生するトルクは図より明らかなように一種の脈動トルクになる．もちろんこのトルクは回転子をわずかに回転するときに発生する値であり，図1·6のように直軸磁束 Φ_y と横軸磁束 Φ_x との間の位相角が $\theta < \dfrac{\pi}{2}$ であり，しかも

楕円回転磁界　大きさが異なるために，楕円回転磁界を作っているためである．回転子の加速が進み，滑りがわずかな運転範囲に入れば，ほぼ円回転磁界に近くなってくる．

1·2　単相誘導電動機の等価回路と特性

図1·7(a)に示したのは単相誘導電動機であり，説明の便宜上一次巻線を巻数および抵抗値などが等しい2組のコイル群 A_1-A_1'，A_2-A_2' に分けて設けるものとする．つぎにこの電動機の一次側にAグループと等しい巻数と抵抗値をもった2組の一次巻線 B_1-B_1'，B_2-B_2' を，同図(b)のようにAグループより電気角で90°移動した位置に設けた場合を考えてみる．B_1，B_2 両者の巻線に A_1，A_2 巻線電流と等しい大きさでしかも90°位相を遅らせた電流を図のように互いに反対方向に流すならば，B

1・2 単相誘導電動機の等価回路と特性

B_1, B_2コイルが作る磁界は互いに打消し合うためにその効果は零とみなすことができる．すなわち，(a)(b)ともに回転子に対して異なるところがない．しかしながら，(b)図を(c)図のように2個の電動機に分解してみると，A_1B_1グループの電動機とA_2B_2グループの電動機とはそれぞれ回転方向の異なった二相電動機であることがわかるであろう．

二相電動機

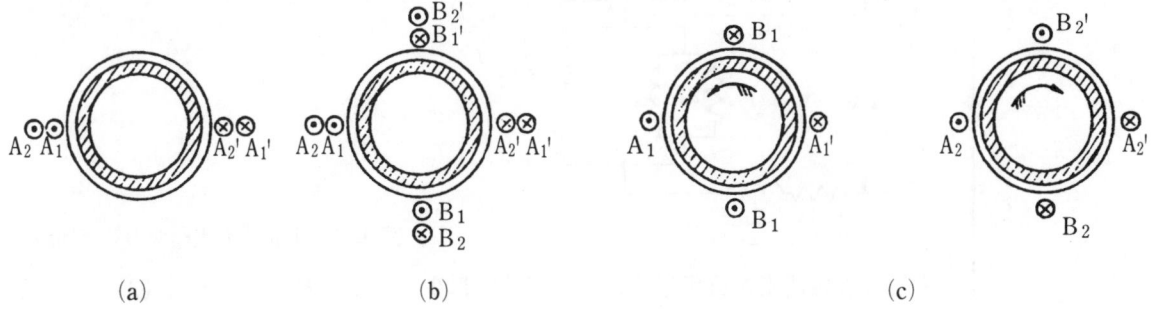

図1・7　単相誘導電動機の2個電動機方式の考え方

したがって1台の単相電動機は図1・8のように互いに独立した2台の二相電動機を回転方向が逆になるように直結したものと等価であると考えることができる．

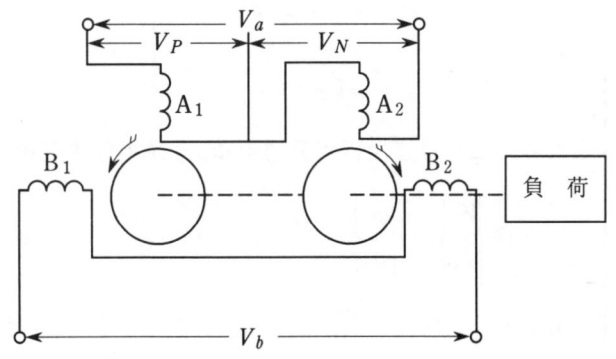

図1・8　2個電動機方式による単相誘導電動機

正相分電動機　いまA_1B_1グループの電動機を正相分電動機，他方を逆相分電動機として回転子が正相分の回転方向に滑りsで回転しているものとすれば，正相分電動機の回転子電流の周波数はsf，逆相分電動機の回転子電流の周波数は$(2-s)f$となる．

逆相分電動機

正相電動機，逆相電動機の諸量を区別するために足字P, Nを付して表わすと，二次側インピーダンスを一次に換算した値は

$$Z_{P2} = \frac{r_2}{s} + jx_2, \quad Z_{N2} = \frac{r_2}{2-s} + jx_2 \qquad (1・2)$$

励磁電流　となる．また励磁電流は各電動機に対して図1・7(a)の全励磁電流の1/2であるから，励磁アドミタンスは原電動機の励磁アドミタンスY_0の2倍と考えてよい．また一次の抵抗および漏れリアクタンスもともに巻数が原電動機の1/2である．それゆえ，これらの事項を総合して図1・9のような等価回路によって図1・8を表わすことができる．

1 単相誘導電動機

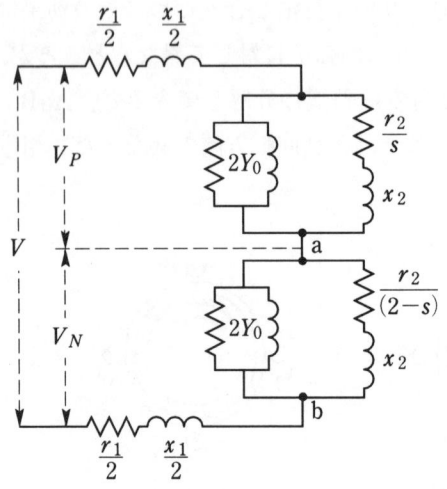

図1·9 単相誘導電動機の等価回路

もしも励磁電流が負荷電流に比して非常に少ないとすれば，正相分電圧V_Pと逆相分電圧V_Nとの比は

$$\frac{\dot{V}_P}{\dot{V}_N} \fallingdotseq \frac{Z_{P2}}{Z_{N2}} = \frac{\dfrac{r_2}{s}+jx_2}{\left(\dfrac{r_2}{2-s}\right)+jx_2} \left.\begin{matrix}\\ \\ \\ \\ \\ \end{matrix}\right\} \quad (1\cdot3)$$

$$\text{ただし，} \dot{V} = \dot{V}_P + \dot{V}_N$$

となり，これはまた正相分磁束Φ_Pと逆相分磁束Φ_Nとの関係

$$\frac{|\dot{V}_P|}{|\dot{V}_N|} \fallingdotseq \frac{|\Phi_P|}{|\Phi_N|} \quad (1\cdot4)$$

をも表わす．すなわち，滑りsが小さくなるとZ_PはZ_Nに比して非常に大きくなり逆相分磁束が少なく電動機中にはおもに正相分磁束によるほぼ一定の円回転磁束となる．しかし滑りが大きくなってくると正相分と逆相分磁束の比が1に近くなって，電動機のギャップには楕円磁束を生ずることになる．

円回転磁束

楕円磁束

単相誘導電動機の特性は**図1·9**の等価回路を計算することによって求められるが，三相誘導電動機のように機械的出力を分離して示すと**図1·10**のようになる．したがって回路電流$\dot{I}_{1P}$と$\dot{I}_{1N}$とを求めるならば，機械的出力P_mは

機械的出力

$$P_m = \frac{|\dot{I}_{1P}|^2 r_2(s-1)}{s} + \frac{|\dot{I}_{1N}|^2 r_2(s-1)}{2-s} = \left(\frac{|\dot{I}_{1P}|^2}{s} - \frac{|\dot{I}_{1N}|^2}{2-s}\right) r_2(1-s) \quad (1\cdot5)$$

となる．

滑りとトルクとの関係は**図1·2**に示したようにいずれの方向に回転しても正相トルクと逆相トルクとの差を利用することになる．

二次抵抗の増加は三相電動機のように比例推移の傾向が得られない．もちろん正相分，逆相分両電動機個々については比例推移の考え方が成立するわけであるが，利用できるトルクはこの両者の差であり，**図1·11(a)(b)**に示すように移動することになる．この二次抵抗を極度に増加させた場合には単相制動としての効果を有することになる．

単相制動

1·2 単相誘導電動機の等価回路と特性

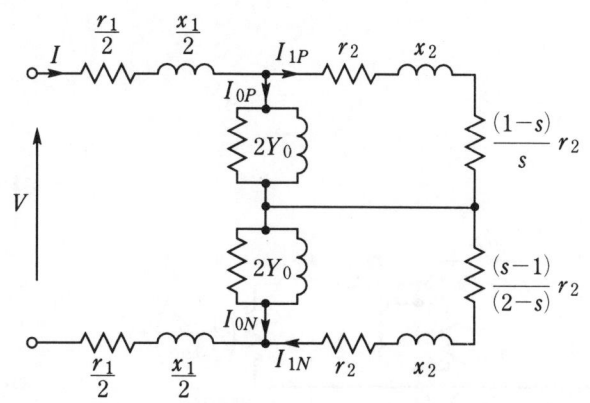

図1·10 機械的出力を分離した単相誘導電動機の等価回路

単相誘導電動機が電動機として安定に運転できる範囲は最大トルクの生ずる滑りよりも小さい滑りのところであって，(1·2)式の逆相分電動機に対する二次インピーダンスのうち$r_2/(2-s)$はほぼ$r_2/2$に等しいとみなしてもさしつかえない．

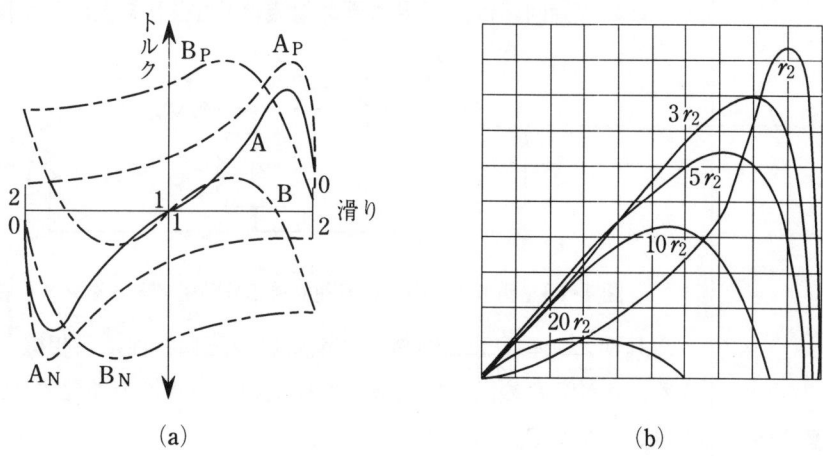

図1·11 二次抵抗を増加させたときのトルク滑り特性の変化

したがって図1·9のab間よりみたインピーダンスは$2Y_0$と$(r_2/2)+jx_2$との並列回路となり，この値をZ_Nとおけば

$$Z_n = \frac{1}{\dfrac{1}{\dfrac{r_2}{2-s}+jx_2}2Y_0} \fallingdotseq \frac{1}{\dfrac{1}{\dfrac{r_2}{2}+jx_2}+2Y_0} = \frac{\dfrac{r_2}{2}+jx_1}{1+2Y_0\left(\dfrac{r_2}{2}+jx_2\right)} \qquad (1·6)$$

となる．それゆえ，滑りsが小さな範囲では図1·9は図1·12(a)のように表わすことができる．

実際の電動機では

$$\left(\frac{r_2}{2}+jx_2\right) \ll \left(\frac{1}{2Y_0}\right)$$

であり，したがって

$$Z_N \fallingdotseq \frac{r_2}{2}+jx_2$$

と考えてもよい．

1 単相誘導電動機

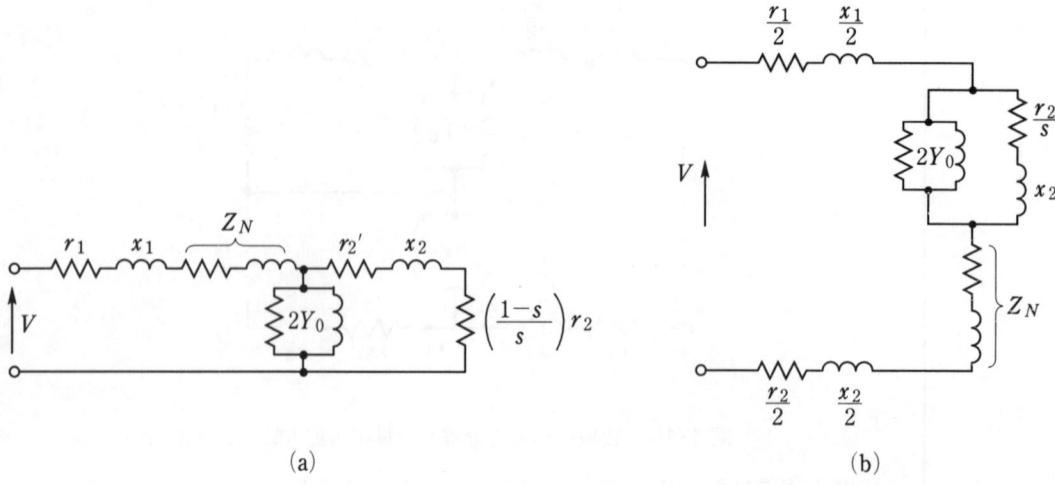

(a)　　　　　　　　　　　　(b)

図1・12 滑りsが小さい範囲の等価回路

この結果，図1・12(b)は簡略等価回路として図1・13のように表わすこともできる．この等価回路は，三相誘導電動機の1相当りを表わした図と全く同じである．

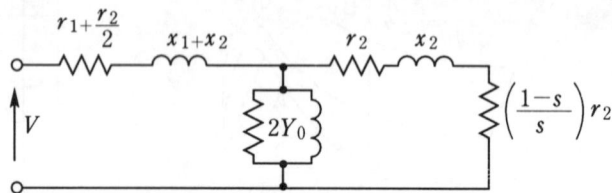

図1・13 滑りsの小さい範囲で逆相分励磁アドミタンスを省略した等価回路

それゆえ，この等価回路より電動機の運転特性は三相機と同様に求めることができる．比較のため三相電動機と単相電動機の特性を併記すれば

| 停動トルク | 停動トルクT_m |

$$\left.\begin{array}{l}三相機 \quad \dfrac{3pV^2}{4\pi f\left\{r_1+\sqrt{r_1{}^2+(x_2+x_1)^2}\right\}} \\[2ex] 単相機 \quad \dfrac{pV^2}{4\pi f\left\{r_1+\dfrac{r_2}{2}+\sqrt{\left(r_1+\dfrac{r_2}{2}\right)^2+(x_1+2x_2)^2}\right\}}\end{array}\right\} \quad (1\cdot 7)$$

| 最大出力 | 最大出力P_{max} |

$$\left.\begin{array}{l}三相機 \quad \dfrac{3V^2}{2\left\{(r_1+r_2)+\sqrt{(r_1+r_2)^2+(x_1+x_2)^2}\right\}} \\[2ex] 単相機 \quad \dfrac{V^2}{2\left(r_1+\dfrac{2}{3}r_2\right)+\sqrt{\left(r_1+\dfrac{2}{3}r_2\right)^2+(x_1+2x_2)^2}}\end{array}\right\} \quad (1\cdot 8)$$

| 最大力率 | 最大力率pf_{max} |

$$\left.\begin{array}{l}三相機 \quad \dfrac{1}{1+2(x_1+x_2)b_0} \\[2ex] 単相機 \quad \dfrac{1}{1+4(x_1+2x_2)b_0}\end{array}\right\} \quad (1\cdot 9)$$

などになる．すなわち，三相機に比べて単相機では一次側漏れインピーダンスが増加し，また励磁電流も2倍に増加するため上式に示したように特性は劣ることになる．また銅損自身も二次側において逆相電流を流して逆相磁束を打消しているため，等価回路上 $r_2/2$ による銅損の分が増加することになる．

1・3　単相誘導電動機の始動法

他力始動

(1) 他力始動方式

小形の電動機の場合にはほとんど用いられないが，交流電車用などのように数10から数100kWの出力におよぶ電動機では小形の始動用電動機を別に取付けて外部より加速を助成する方式がとられている．

分相始動

(2) 分相始動方式

分相方式というのは，一次側に主巻線Mのほかにこれと電気角で90°の角をなす

補助巻線

位置に補助巻線Aを設け，MとAの両巻線の作る起磁力に位相差を与えるようにし，不完全ではあるが回転磁界（したがって，通常，楕円磁界となる）を作って始動トルクを得るようにしたものである．A巻線電流の位相をM巻線のそれより変えるためにつぎに述べるような種々の手段がとられている．

(a) **抵抗またはリアクタンス分相方式**　図1・14(a)(b)のように主巻線Mを電源に直接接続し，補助巻線Aには抵抗RまたはリアクタンスXを直列にして電源に接

始動電流
補助巻線電流

続する．また場合によっては同図(c)のようにMに対して始動電流を抑制する意味と補助巻線電流との位相差をより大きくとるために抵抗器をそう入し，Aに対してリアクタンスをそう入する方式もある．

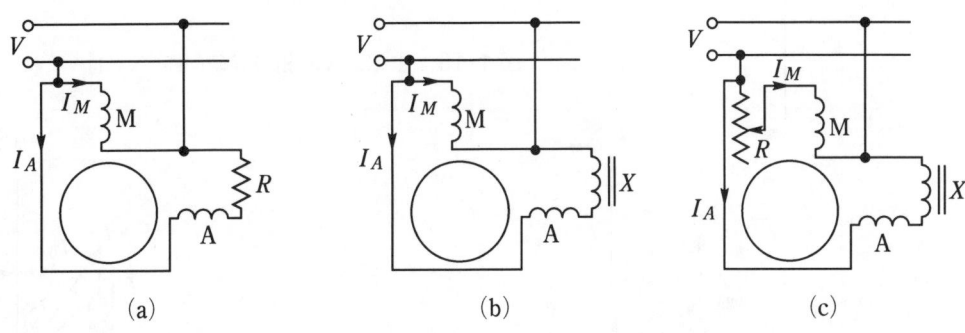

図1・14　抵抗またはリアクタンスによる分相始動方法

いずれの場合にも，回転子が静止している場合にはM巻線とA巻線との間には電磁的結合はなく（実際には漏れ磁束が多少交差する），それぞれが別個に回転子導体に対して変圧器の一次二次の作用がある．図1・15(a)(b)はそれぞれの一次二次の結合を示し，図1・16はその等価回路を示している．図中 Y_{0M}, Y_{0A} は励磁アドミタンス，$r_2'+jx_2'$, $r_2''+jx_2''$ は二次導体のそれぞれの一次巻線に換算したインピーダンス，r_M+jx_M は主巻線，そして r_A+jx_A は直列インピーダンス（RまたはX）を含めた補助巻線のインピーダンスである．

1 単相誘導電動機

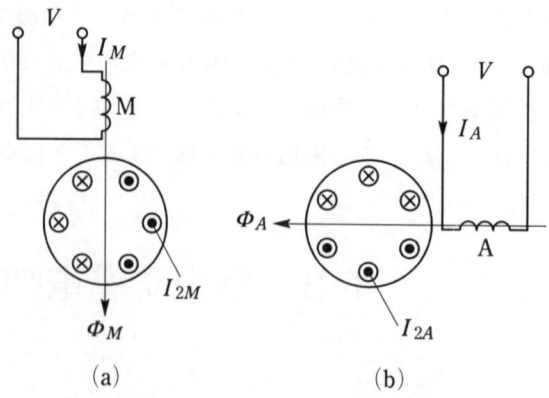

図1・15 分相始動時の磁束と電流の関係

そうして端子電圧 V に対して磁束および電流の時間的位相関係は，変圧器の理により図1・16から図1・17(a)および(b)図のようになり，端子電圧 V を基準にしてトルク計算に必要な磁束と電流のベクトルを示せば図1・18のようになる．

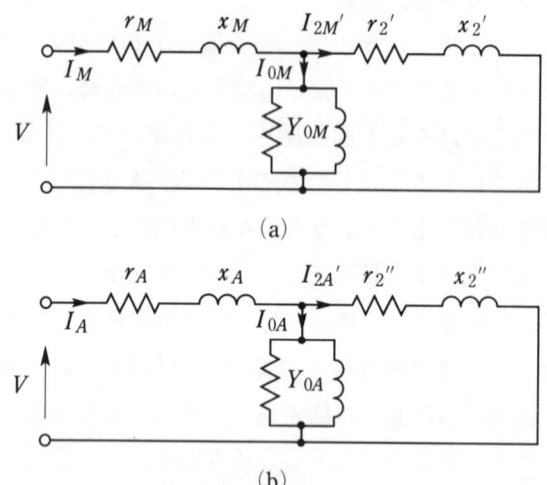

図1・16 主相，補助相の等価回路 ($s=1$)

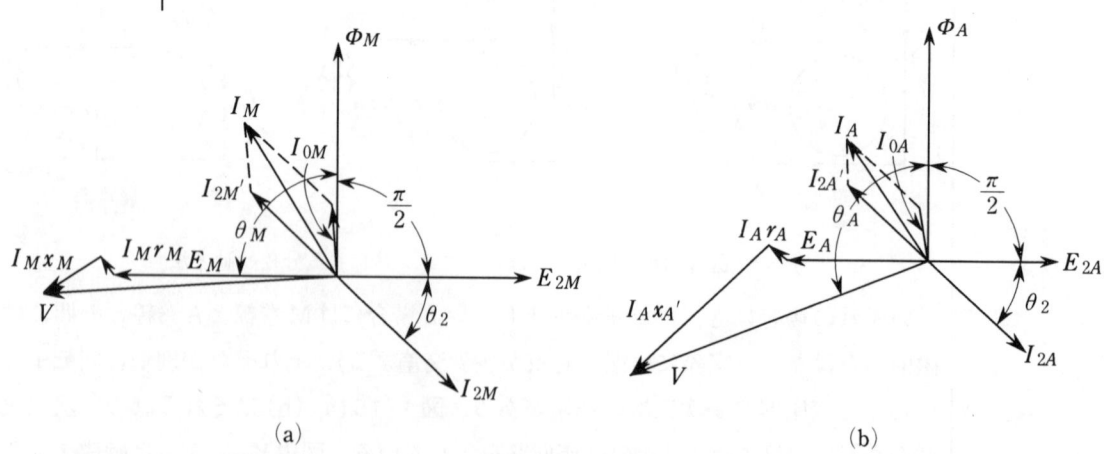

図1・17 主相，補助相の始動時 ($s=1$) におけるベクトル図

つぎに磁束と二次電流との間のトルクの関係であるが，図1・15から明らかなように Φ_M と I_{2M} および Φ_A と I_{2A} との間は互いにトルクは生じ得ない．したがってトルク

1·3 単相誘導電動機の始動法

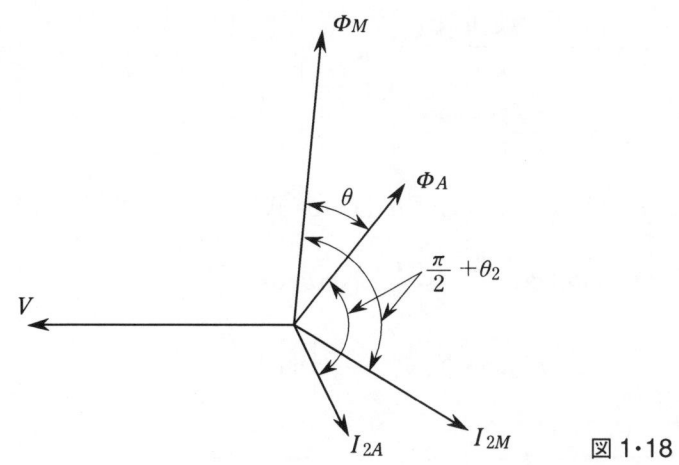

は図1·15(a)の磁束 Φ_M と (b)図の二次電流 I_{2A} および,(b)図の磁束 Φ_A と (a)図の二次電流 I_{2M} の間に生じ,図1·19に示したような方向に発生する.

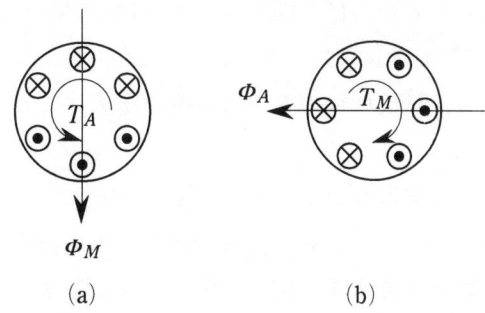

図1·19 主相,補助相によって発生するトルクの方向

平均トルク　主相磁束と補助相二次電流による平均トルク T_A は

$$T_A = \frac{k\Phi_M I_{2A}}{2}\cos(\Phi_M I_{2A}) = \frac{k\Phi_M I_{2A}}{2}\cos\left(\frac{\pi}{2}+\theta_2+\theta\right) \tag{1·10}$$

補助相磁束と主二次電流による平均トルク T_M は

$$T_M = \frac{k\Phi_A I_{2M}}{2}\cos(\Phi_A I_{2M}) = \frac{k\Phi_A I_{2M}}{2}\cos\left(\frac{\pi}{2}+\theta_2-\theta\right) \tag{1·11}$$

ここに k は比例定数であり

$$\theta_2 = \tan^{-1}\left(\frac{x_2}{r_2}\right) \tag{1·12}$$

である.

リアクトル　図1·17〜図1·19は補助相にリアクトルをそう入した場合を想定して描いたものであり,トルクは図中右回りが正方向となる.したがっていま T_M を正にとって考え

合成始動トルク　るならば,電動機としての合成始動トルク T は図1·19より T_A の負の方向のため

$$T = T_M - T_A = \frac{k}{2}\left\{\Phi_A I_{2M}\cos\left(\frac{\pi}{2}+\theta_2-\theta\right) - \Phi_A I_{2M}\cos\left(\frac{\pi}{2}+\theta_2+\theta\right)\right\} \tag{1·13}$$

ここに $I_{2M}=E_{2M}/Z_2$,$(Z_2=r_2+jx_2)$,および $I_{2A}=E_{2A}/Z_2$ であることから,二次導体の有効巻線を $k_2 w_2$ とすれば

$$I_{2M} = \frac{\sqrt{2}\pi f k_2 w_2 \Phi_M}{Z_2} \Biggr\}$$
$$I_{2A} = \frac{\sqrt{2}\pi f k_2 w_2 \Phi_A}{Z_2}$$
(1・14)

である．したがって (1・14) 式を (1・13) 式に代入して整理すると

$$T = k\Phi_M \Phi_A \frac{\sqrt{2}\pi f k_2 w_2}{Z_2}(\sin\theta\cos\theta_2)$$
$$= \sqrt{2}\pi f k_2 w_2 k\Phi_M \Phi \left(\frac{r_2}{Z_2^2}\right)\sin\theta \qquad (1・15)$$

となる．

　この説明は前述のように補助相の一次漏れリアクタンス x_A が主相の x_M より大きい場合について行っているが，補助相の抵抗を大きくしてリアクタンスをほぼ主相に等しくするならば，図1・18の θ は負の値（したがって Φ_A が Φ_M より進む）となり (1・15) 式のトルクは負の値，すなわち回転方向が反対になる．

　通常，抵抗増加の方法は銅損を増大するためにリアクタンス増加の方法がとられている．

くま取りコイル　　(b) **くま取りコイル法**　図1・20のように固定子磁極の一部にくま取りコイルSを設ける．これはそれ自身短絡した太い銅環あるいは巻線としたものである．くま取りコイルを有する磁極を励磁巻線Fによって励磁すると，くま取りコイルを通る磁束 Φ_S は他の部分を通る磁束 Φ_M より時間的に位相が遅れることになる．なぜならば，図1・20のように磁束が通ってる場合のベクトル図を描くと，図1・21のように

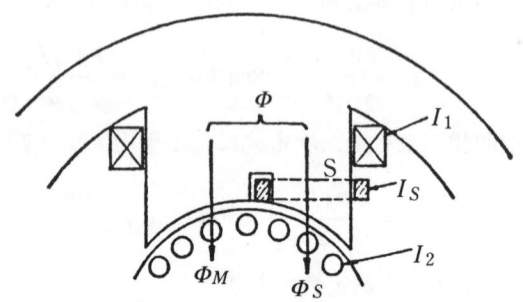

図1・20　くま取りコイルによる始動方法

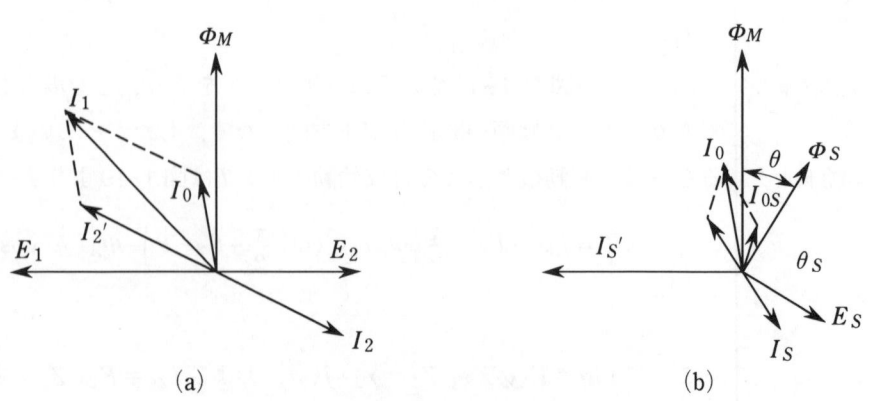

図1・21　くま取りコイルにおけるベクトル図

1・3 単相誘導電動機の始動法

くま取りコイルを貫通する磁束を Φ_S とするコイルには起電力 E_S を生じ，くま取りコイルのインピーダンス $r_S + jx_S$ に対して

$$\theta_S = \tan^{-1}\left(\frac{x_S}{r_S}\right)$$

遅れた電流 I_S が流れることになる．一方，主励磁巻線には印加電圧 V に対応する起電力 E_1 を作るために励磁電流 I_0 が流れている．したがってくま取りイコルに貫通する磁束 Φ_S を作る励磁電流 I_{0S} は負荷電流が I_S，一次電流が I_0 になるような状態で流れて平衡することになる．それゆえ Φ_M と Φ_S の間にわずかながら位相角 θ が生じ，回転子に対して位置と時間の位相が異なった二つの磁束が与えられることになり，始動トルクを発生する．時間的位相差は10〜30°程度であり，回転磁界を作るというよりもむしろ局部的な移動磁界であり，始動トルクも非常に少ない．しかし簡単な構造であるため，きわめて小容量の電動機に好んで用いられている．

コンデンサ分相　(c) **コンデンサ分相法**　図1・22に示すようにリアクタンスを用いて補助巻線の電流を遅らせる代わりに，キャパシタンスを用いて反対に位相を進めて始動トルクを得るようにしたものである．図示のようにコンデンサを C_1, C_2 のグループに分けて調整をすれば始動トルクを非常に大きくとることができ，しかも運転中は一方を遠心力開閉器などによって切り離すことによって力率改善にも役立たせることができる．このように始動と運転でコンデンサ容量を切換える電動機を「**コンデンサ始動コンデンサ電動機**」と呼んでいる．この方法については後で詳述する．

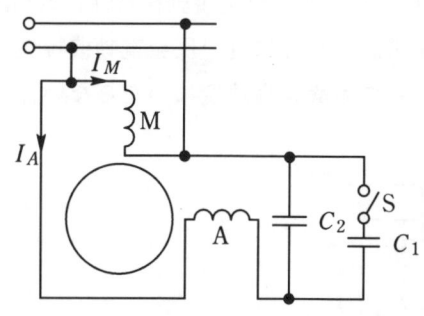

S：遠心力開閉器で始動時のみ閉じる．
C_1：始動時コンデンサ
C_2：運転時力率改善用コンデンサ

図1・22　コンデンサ分相始動法

反発始動　(3) **反発始動法**

固定子巻線Sは簡単な単相巻線だけであり，回転子は直流機の電機子のように巻線と整流子が設けられている．整流子上に置かれたブラシ B_1B_2 は互いに短絡されており，図1・23のように，固定子の巻線軸とブラシの位置との角 α を適当に選ぶことによって大きな始動トルクを得て加速することができる．図1・24はトルク速度特性の一例を示したもので，最初，反動電動機として加速し，ある速度Bに達したとき，遠心力で動作する機構で全整流子片を短絡して誘導電動機運転にはいり，C点にて定格運転を行わすのが普通である．

この形の電動機は構造上高価となり，しかもブラシを有するため保守が大変であるが，**重負荷始動**を必要とする場合には広く使用されている．

1 単相誘導電動機

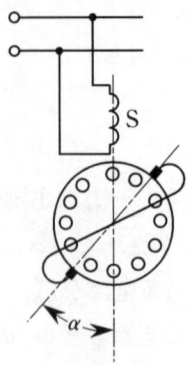

図1・23 反発始動電動機

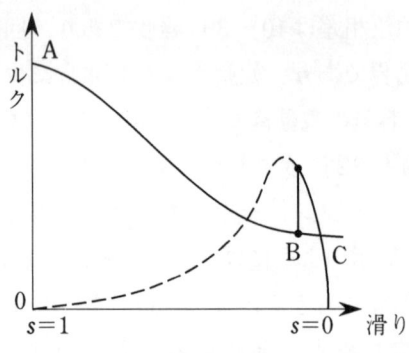

図1・24 反発始動電動機のトルク速度特性

(4) 反発誘導電動機

図1・25のように，前記反発始動形の回転子にかご形巻線を併設したものである．トルク速度特性は図1・26に示すように反発電動機特性に単相誘導電動機特性が重ね合わされた傾向となり，本来直巻特性に近い反発電動機特性をかご形の誘導発電機作用で吸収し，無負荷になっても異常高速度にいたらないよう自然に保護される特長がある．

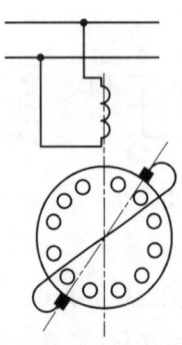

図1・25 反発誘導電動機

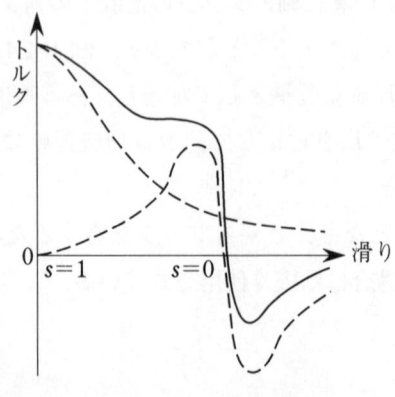

図1・26 反発誘導電動機のトルク速度特性

1・4　コンデンサ分相形単相誘導電動機

図1・27において，主巻線Mおよび補助巻線Aを電源側よりそれぞれの巻線軸についてみた等価回路は，回転子が静止しているときに対して図1・28(a)および(b)のようになる．ただし簡単のためにL形回路を使用する．

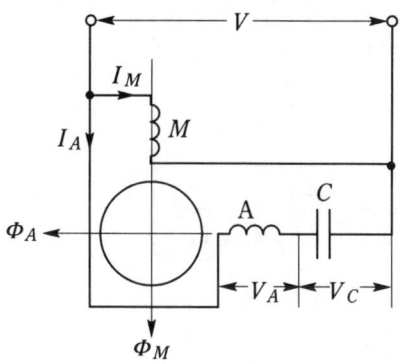

図1・27　コンデンサ分相形電動機

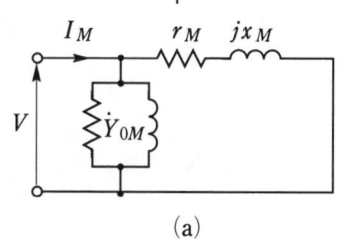
(a)

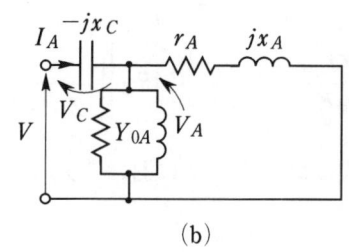
(b)

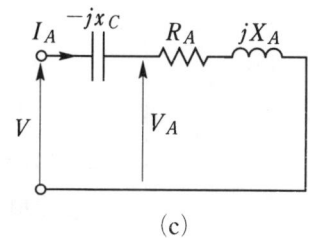
(c)

図1・28　コンデンサ電動機の始動時における等価回路

いま

$$\dot{Y}_{0M} = g_{0M} - jb_{0M}$$
$$\dot{Y}_{0A} = g_{0A} - jb_{0A}$$

$$\left. \begin{array}{l} \Phi_M = -j\dfrac{\dot{V}_A}{\sqrt{2}\pi f k_M w_M} = -j\dfrac{\dot{V}_A}{K_M} \\ \Phi_A = -j\dfrac{\dot{V}_A}{\sqrt{2}\pi f k_A w_A} = -j\dfrac{\dot{V}_A}{K_A} \end{array} \right\} \quad (1\cdot 16)$$

補助相の
等価回路

とすれば，補助相の等価回路はさらに

$$y_{0A} = \sqrt{g_{0A}^2 + b_{0A}^2}, \quad z_A = \sqrt{r_A^2 + x_A^2}$$

とおくことにより

$$Z_A = R_A + jX_A$$

$$\left. \begin{array}{l} R_A = \dfrac{r_A + g_{0A} z_A^2}{\sqrt{1 + y_{0A}^2 z_A^2 + 2(g_{0A} r_A + b_{0A} x_A)}} \\ X_A = \dfrac{x_A + b_{0A} z_A^2}{\sqrt{1 + y_{0A}^2 z_A^2 + 2(g_{0A} r_A + b_{0A} x_A)}} \end{array} \right\} \quad (1\cdot 17)$$

1 単相誘導電動機

として図 1・28 (c) のようになる．したがって

$$\dot{I}_A = \frac{\dot{V}}{R_A + j(X_A - x_C)}$$

$$\therefore \dot{V}_A = \dot{I}_A(R_A + jX_A) = \frac{\{R_A{}^2 + X_A(X_A - x_C)\} + jR_A x_C}{R_A{}^2 + (X_A - x_C)^2}\dot{V} \tag{1・18}$$

$$\therefore V_A = |\dot{V}_A| = \frac{VZ_A}{\sqrt{Z_A{}^2 - 2X_A x_C + x_C{}^2}} \tag{1・19}$$

それゆえ，磁束 Φ_M と Φ_A とは

$$\left.\begin{array}{l}\Phi_M = \dfrac{V}{K_M} \\[2mm] \Phi_A = \dfrac{V}{K_A} = \dfrac{VZ_A}{K_A\sqrt{Z_A{}^2 - 2X_A x_C + x_C{}^2}}\end{array}\right\} \tag{1・20}$$

トルクの一般式 これをトルクの一般式 (1・16) に代入すると

$$\begin{aligned}T &= 2\pi f k_2 w_2 k \Phi_M \Phi_A \left(\frac{r_2}{z_2{}^2}\right)\sin\theta \\ &= \left\{\frac{\sqrt{2}\pi f k_2 w_2 k}{K_A K_M}\left(\frac{r_2}{z_2{}^2}\right)V^2 R_A\right\}\left(\frac{x_C}{Z_A{}^2 - 2X_A x_C + x_c{}^2}\right)\end{aligned} \tag{1・21}$$

この始動トルク式はコンデンサにおける x_C によって変化する．いまコンデンサによる変化項

$$\mu = \frac{x_C}{\left(Z_A{}^2 - 2X_A x_C + x_c{}^2\right)}$$

を x_C について微分し，これを零とおいて最大値を求めると μ_{max} は $x_C = Z_A$ のときに生じ

$$\mu_{max} = \frac{R_A}{2(Z_A - X_A)} \tag{1・22}$$

となる．

最大始動トルク したがって与えられたコンデンサ電動機で最大始動トルクを必要とする場合には

$$C = \frac{1}{\omega\sqrt{R_A{}^2 + X_A{}^2}} \tag{1・23}$$

の条件を満たせてやればよいことになる．

巻線定数 一方電動機の巻線定数も変化し得る場合を考えると，許し得る巻線仕様に対して μ の絶対値をできる限り大きく取れることが好ましい．もちろんこれに伴って始動電流も増加するわけであるが，R_A/X_A を変数として x_C/X_A に対する μ の値は図 1・29 のように変化する．

1·4 コンデンサ分相形単相誘導電動機

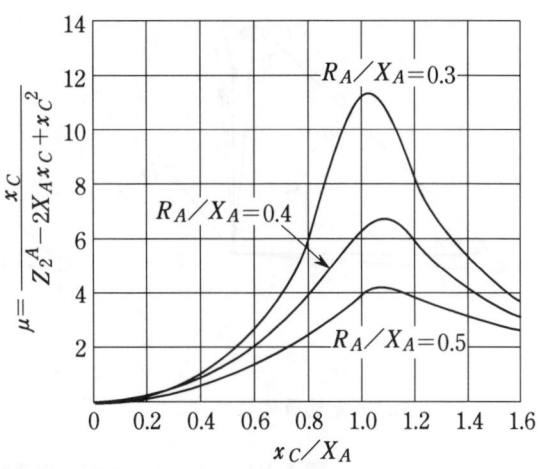

図1·29　トルク係数とX_A, R_A, x_Cの関係

　コンデンサ分相の電動機は図1·22にも示したとおり始動トルクを大きく与えるた

始動コンデンサ　めに大きな容量のいわゆる始動コンデンサを接続する．しかしこのコンデンサを接続したまま運転にはいると，主巻線および補助巻線の電流は定格電流をはるかに越えた値となり過熱することになる．それで運転時には小さい容量のコンデンサに切

運転コンデンサ　換えるのが普通である．それでも運転コンデンサの設計を誤ると図1·30に示すように無負荷あるいは軽負荷時にコンデンサ経由の電力が主相に戻されて主巻線電流が

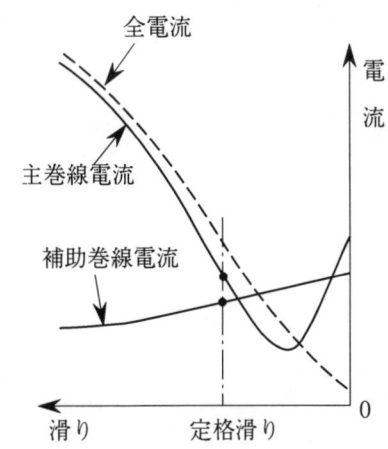

図1·30　コンデンサ電動機の運転時の電流

増大し，また，軸に脈動トルクを生じ不測の損傷を与えることになる．図1·31は運転時のベクトル図を示したもので，定格負荷，無負荷ともギャップ磁束は滑りが小

円回転磁界　さいため逆相磁束を回転子が吸収しほとんど円回転磁界ができる．したがって，主巻線と補助巻線に誘起する電圧E_MとE_Aとは大きさが巻数比に等しく位相が90°異なった値となる．運転コンデンサに加わる電圧V_Cは両起電力にインピーダンス降下を加えたVとV_Aとのベクトル和として加わるため定格負荷でも無負荷でも極端な違いは生じない．ということは無負荷になっても大きな進相電流をとっているので主巻線の方が無負荷のため電流が減少しようとしても，補助相の大きな磁束が残って

回生電流　いるため回転子を介して大きな回生電流が主巻線側に流れることになる．もちろん電源から供給される電流Iは負荷の減少とともに減ずるので保護リレー関係はなんら影響しないが，主相電流I_Mは強制的に流れるI_Aと必要な負荷電流Iとの差として大きな値が流れることになる．コンデンサに加わる電圧もこのため多少増加するため，条件はかえって悪くなる．

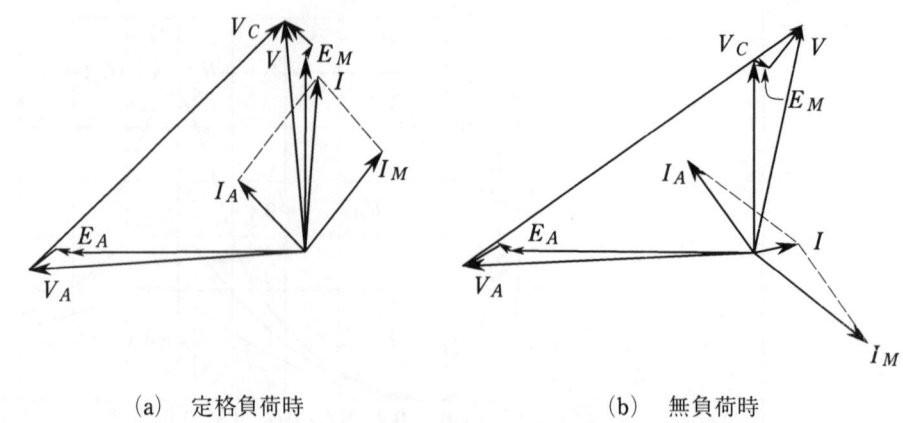

(a) 定格負荷時　　　　　　　(b) 無負荷時

図1・31　コンデンサ電動機運転時のベクトル図

運転コンデンサ　始動時に使用するコンデンサは特に始動ひん度が高くない限り，交流用の電解コンデンサ（寸法が小形になる）を使用し，運転コンデンサは常に高い電圧が印加されているため紙コンデンサ（油入）などの進相用コンデンサが使用されている．

2　特殊かご形誘導電動機

特殊かご形誘導電動機は，かご形電動機の利点であるところの構造の簡単さと堅牢さを失わず，しかも始動時に回転子に誘起する起電力の周波数の高いことと，加速に従ってその周波数の減ずることを利用して，始動電流少なくしかも始動トルクが大で運転特性も良好なように考案されたものである．

特殊かご形電動機の回転子を大別すると，二重かご形回転子と深みぞ形回転子の二通りになる．特殊かご形に対して従来のかご形を普通かご形あるいは単にかご形と称している．

2・1　二重かご形電動機

(1) 回転子の構造と原理

二重かご形回転子はフランスのBoucherot氏の発案によるもので，回転子導体が図2・1に示すようにA導体およびB導体の二段に分けて収められている．回転子の表面に近い部分に配置された導体Aは通常固有抵抗の大きい材質を使用するか，または断面積をB導体よりも小さくすることによって高抵抗に作られている．

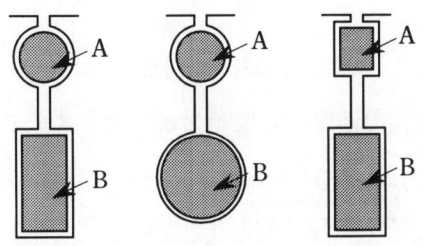

図2・1　二重かご形回転子の導体配置

いまA，B両導体に電流が通ったとすると，回転子導体の漏れ磁束は図2・2のように両導体に共通に鎖交する磁束ϕ_{AB}のほかに，ϕ_A，ϕ_Bのようにそれぞれの導体にのみ鎖交するものが発生する．しかも図からも明らかなようにA，B間の磁束通路が比較的容易に作られていることからB導体に鎖交する漏れ磁束ϕ_BはA導体におけるϕ_Aよりはるかに多い．

そして，始動時には二次周波数が高いため，B導体の漏れリアクタンスがA導体に比較して非常に大きくなり，回転子電流の大部分がA導体を通ることになる．すなわち，A導体のみが回転子導体になったと類似の結果となり，高抵抗二次回路を有する電動機として始動する．

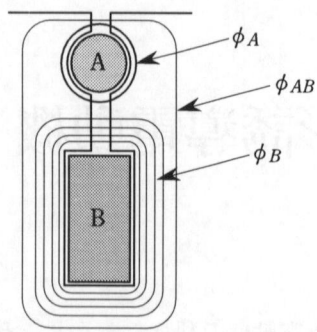

図2・2 二重かご形回転子における磁束の分布

電動機の加速とともに二次周波数が減ずるから，漏れリアクタンスによって抑制されていたB導体にもリアクタンスの減少とともに電流が多くなり，定格運転のときには抵抗の少ないB導体に回転子電流の大部分が流れることになる．したがって運転中の特性はほとんどB導体によって決まるようになる．

(2) 等価回路

実際に則した等価回路を求めるならば一次巻線，二次A導体，二次B導体の3個の回路の結合より論じなければならないが，実用上はA，B両導体が並列にあるという考えから図2・3のように等価回路を表わすことができる．図中 x_{ab} は図1・2の漏れ磁束 ϕ_{AB} による漏れリアクタンスを一次に換算したものであり，x_a, x_b はそれぞれ ϕ_A, ϕ_B による漏れリアクタンス，また r_a, r_b はA，Bそれぞれの導体（短絡環も含む）の抵抗値の一次換算値である．

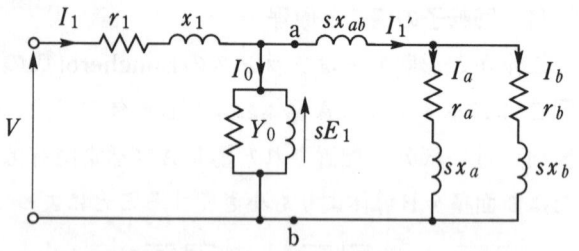

図2・3 二重かご形の等価回路（その1）

図2・3においてabより右側の回路の合成インピーダンスを Z_{2s} とすれば

$$Z_{2s} = jsx_{ab} + \frac{(r_a + jsx_a)(r_b + jsx_b)}{(r_a + r_b)js(x_a + x_b)}$$
$$= jsx_{ab} + R_{2s} + jsX_{2s}' \qquad (2 \cdot 1)$$

ただし

$$R_{2s} = \frac{r_a r_b (r_a + r_b) + s^2 (r_a x_b^2 + r_b x_a^2)}{(r_a + r_b)^2 + s^2 (x_a + x_b)^2}$$

$$X_{2s}' = \frac{x_a r_b^2 + x_b r_a^2 + s^2 (x_a + x_b) x_a x_b}{(r_a + r_b)^2 + s^2 (x_a + x_b)^2}$$

それゆえ

$$X_{2s} = x_{ab} + X_{2s}' \qquad (2 \cdot 2)$$

とおけば，図2・3は図2・4のような等価回路として表わすことができる．

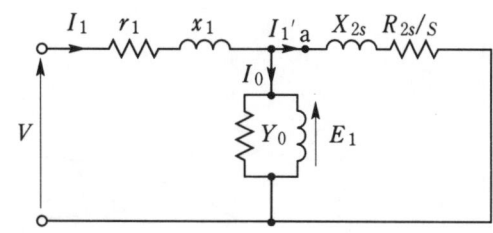

図2・4　二重かご形の等価回路（その2）

しかし二次回路を代表するR_{2s}あるいはX_{2s}はともに滑りsによって変化する値であることに注意しなければならない．

図2・5は一例としてR_{2s}/R_{20}, X_{2s}'/X_{20}'が滑りに対してどのように変化するかを示したものである．図より明らかなように，sの増加とともに二次の合成抵抗は増加し，合成リアクタンスは減少する．

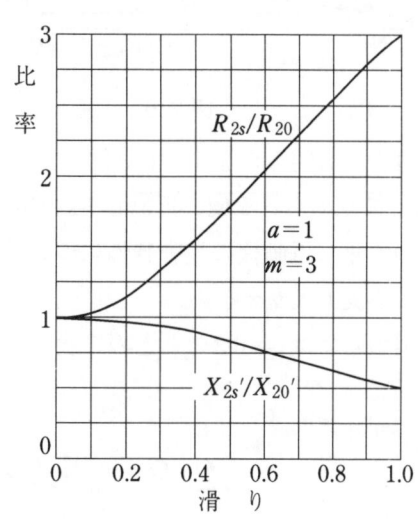

図2・5　二重かご形の二次抵抗とリアクタンスの変化の一例

(3) 特　　性

二重かご形電動機
二重かご形電動機では上に述べたように二次の抵抗および漏れリアクタンスが滑りsによって変化する．それゆえ電動機の特性を算定するには計算法，円線図法を問わず，種々の滑りsの値に対して一次に換算されたR_{2s}, X_{2s}'を求め，この量を用いてそのときの滑りにおける諸特性を求めなければならない．

電流軌跡
図2・6は二重かご形電動機の電流軌跡の一例を示す．詳細な軌跡を描くためには数多くのsの値に対して円線図を求めなければならないが，本図では滑りが0，0.25，0.5，0.75および1の五つの値に対するものを示す．

それぞれの滑りに対する円K_0, $K_{0.25}$, ……, K_1に対して，それぞれP_0（図ではN点に一致），$P_{0.25}$, ……, P_1（図ではS_1点に一致），$(Q_2)_0$, $(Q_2)_{0.25}$, ……, $(Q_2)_{1.0}$およびH_0, $H_{0.25}$, ……, H_1を求め，それぞれを十分信頼できる曲線で結ぶならば

一次電流軌跡　　曲線Pは一次電流軌跡
出力線　　　　　曲線Hは出力線
トルク線　　　　曲線(Q_2)はトルク線

をそれぞれ表わすことになる．

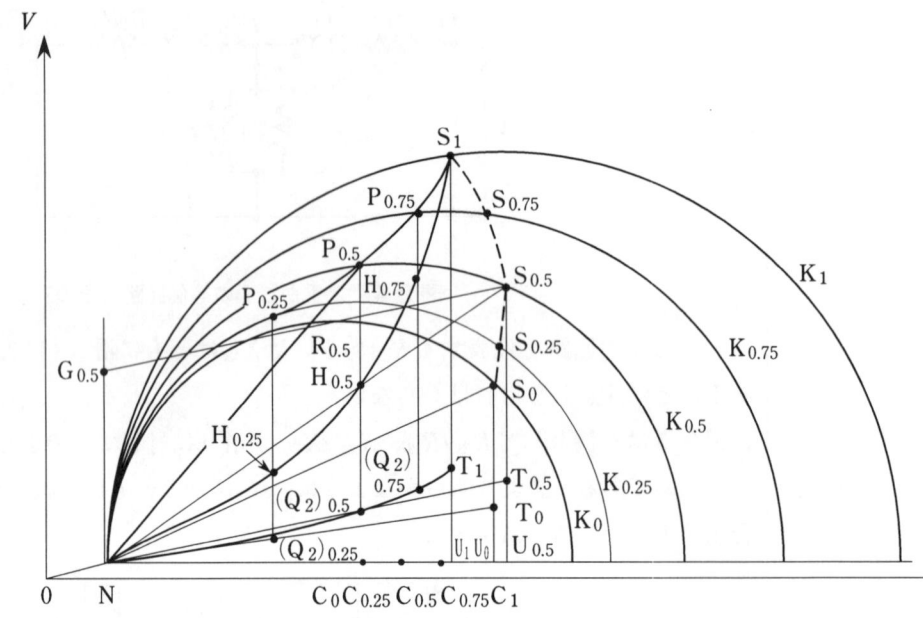

図2・6　二重かご形誘導電動機の円線図

この例からも明らかなように3種の曲線は$s=0$からある範囲内では大体$s=0$の円K_0に対して求められる値に近似し，sの値が大きくなると異なってくる．

それゆえ単に電動機の運転特性についてのみ考えるならば，$s=0$のときの円線図で求めて事実上差支えない．

商取引の際には$s=0.2$のときの二次定数を用いて特性を算定する．

2・2　深みぞ形電動機

(1) 回転子の構造と原理

深みぞかご形回転子　深みぞかご形回転子の導体はその名称が示す通り幅に比して著しく深いみぞに収められている．図2・7はその一例を示したもので，詳細，形状については各電動機メーカによってさまざまであるが基本的には上述のとおりである．

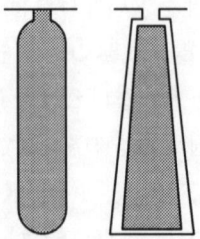

図2・7　深みぞ形導体の一例

図2・8(a)のように幅a〔m〕のスロットに幅b〔m〕で高さh〔m〕の導体を収めこれに直流を流したとすると，電流は均等に導体内に分布し同図(b)のようになる．漏れ磁束　このとき漏れ磁束は同図(b)のように分布し，導体の下部では多量の磁束と鎖交し上部にいくにしたがって磁束の鎖交数が減少する．つぎにこの導体に周波数f〔Hz〕の交流を通すと，導体の下部における漏れリアクタンスは上部におけるそれよりも著しく大となり，図(c)に示すように電流分布は導体上部に集まるようになる．こ

2·2 深みぞ形電動機

表皮作用 の現象を表皮作用という．

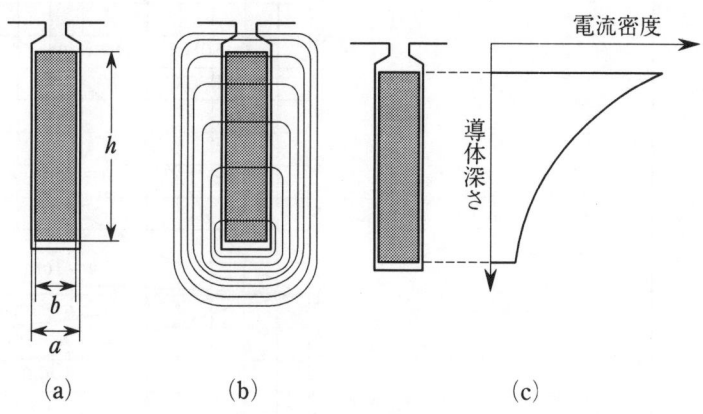

図2·8 深みぞにおける磁束と電流分布

実効抵抗　この結果，導体の実効抵抗が増大し，しかもインダクタンスの大きい導体下部を
実効漏れ　電流が通らないため実効漏れリアクタンスが減少することになる．
リアクタンス

深みぞ回転子の誘導電動機はこのような現象を利用しており，その動作は前述の二重かご形電動機と酷似している．

いま図2·8の寸法の場合に，導体の固有抵抗 ρ〔Ω・m〕とすれば回転子の二次周波数 sf_1〔Hz〕に対する実効抵抗 R_{2s} と直流に対する抵抗 R_{20} との比は

$$\xi = 2\pi h\sqrt{\frac{b}{a}\cdot\frac{sf_1}{\rho 10}} \tag{2·3}$$

とすることにより

$$\frac{R_{2s}}{R_{20}} = \frac{\sinh 2\xi + \sin 2\xi}{\cosh 2\xi - \cos 2\xi}\cdot\xi \tag{2·4}$$

となる．

また導体内の電流分布が均等なとき（直流が流れているときのように）の漏れリアクタンス X_{20} に対する，二次周波数 sf_1 の交流が流れるときの漏れリアクタンス X_{2s} の比は

$$\frac{X_{2s}}{X_{20}} = \frac{\sinh 2\xi - \sin 2\xi}{\cosh 2\xi - \cos 2\xi}\cdot\xi\frac{3}{2\xi} \tag{2·5}$$

となる．

図2·9は導体を20℃の銅とし

$f_1 = 50 \text{Hz}$

$\rho = 1.784 \times 10^{-8}$〔Ω・m〕

$a = b$

としたとき（R_{2s}/R_{20}）および（X_{2s}/X_{20}）の s に対する変化を示したものである．

図示の条件では，滑りが0から1に変わると二次の実効抵抗は2cmの深さの導体に対して約2倍に増加し，漏れリアクタンスは約70％に減少する．

深みぞ導体　以上のように深みぞ導体で抵抗および漏れリアクタンスの変化する傾向を述べたが，これはあくまでもスロット内の導体に対してであって，スロット外の導体および短絡環においては周波数による変化はほとんどない．

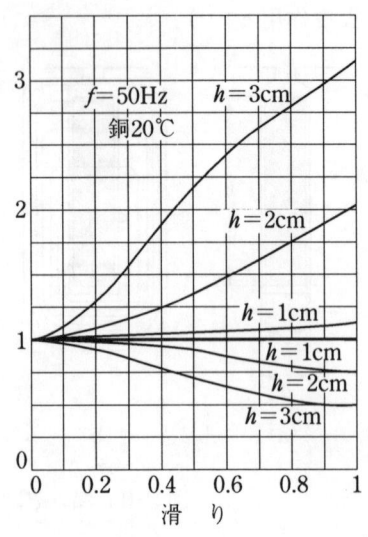

図2・9　深みぞ形の二次抵抗とリアクタンスの変化の一例

(2) 二重かご形との比較

滑りsの増大とともに二次抵抗が増大し，二次漏れリアクタンスが減少する傾向は二重かご形の場合と同じであり，特性算定も二重かご形の項と同様に行うことができる．

ただし，深みぞ形の場合には二次インピーダンスの変化の程度が，ほとんど導体の深さだけで決定されるのに対して，二重かご形の場合にはA，B両導体の寸法，上下の間隔，またB導体に対する漏れ磁束の通路など広い範囲に変化させ得る．このことは後者が多種な負荷の仕様範囲に適合することが可能であることを示している．

3 誘導周波数変換機

3・1 周波数変換を行う原理

　巻線形の三相誘導電動機における二次誘起電圧の周波数f_2は運転時の滑りをsとし，電源周波数をf_1とすれば$f_2 = sf_1$になる．いま誘導機の極数をP，毎分の回転数をnとすれば，二次巻線の端子より取出せる電圧の周波数f_2は次式で表わされる．

$$f_2 = f_1 \pm \frac{Pn}{120} \tag{3・1}$$

　ここで（±）の符号をつけているのは回転磁界の方向に対して，回転子がいずれの方向に回転しているかを決めることにより分けられる．すなわち，二次誘起電圧の周波数は回転磁界と回転子導体の相対速度によるものであるから，回転子が回転磁界と同じ方向にある場合に（−）を用い，回転子が逆方向に回転した場合に（＋）を用いればよい．

　それゆえ，電源周波数より高い周波数を得たい場合には回転子を回転磁界と反対方向に，また低い周波数を得たい場合には同一方向に回転するようにすればよい．図3・1はこの関係を図示したものである．

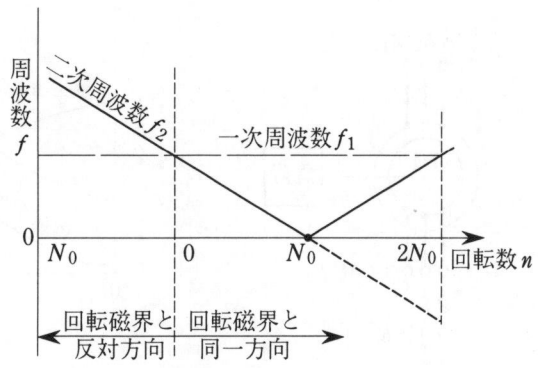

図3・1　回転方向と二次周波数との関係

　回転子を運転する電動機あるいは制動機が，同期機のように定速度のものであればf_2/f_1の値は一定であり定比周波数変換機（図3・2）となるが，直流電動機などのように可変速のものを用いれば出力周波数を変化させ得る可変比周波数変換機（図3・3）になる．

3 誘導周波数変換機

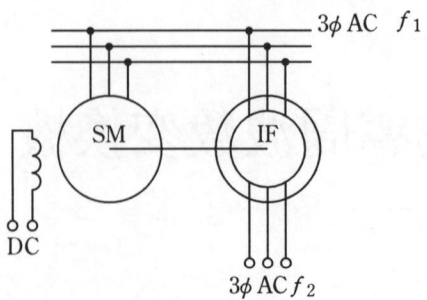

図3・2 固定比周波数変換機

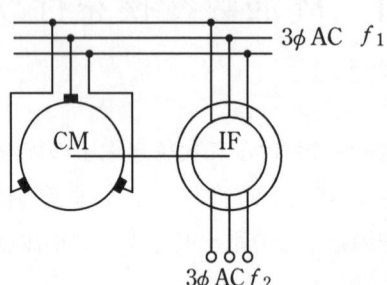

図3・3 可変比周波数変換機

3・2 誘導周波数変換機の入力と出力と回転速度

三相誘導周波数変換機　　三相誘導周波数変換機の特性は誘導電動機あるいは誘導制動機としての運転範囲を考えるのと全く同じである．

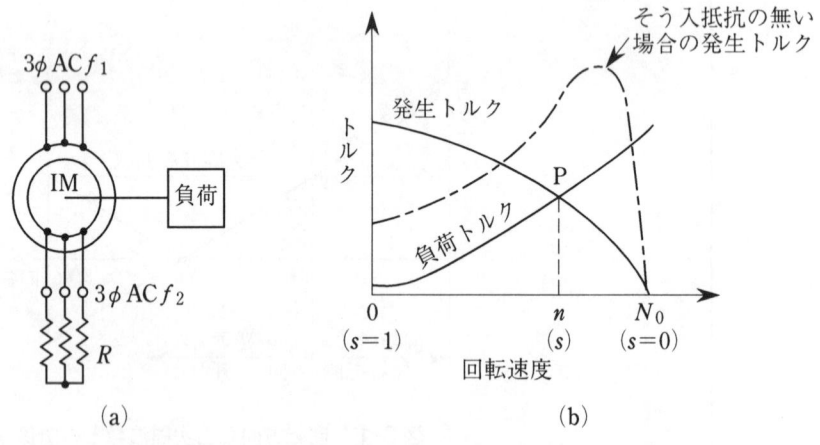

図3・4 電動機範囲における周波数変換機の動作

　第一に電動機範囲について考えてみる．巻線形電動機の二次側に外部より高抵抗 R をそう入して負荷機械の速度を制御している場合を想定しよう．図3・4(a)はその接続を，そして図(b)はそのときのトルク速度特性を示している．そうして外部抵抗 R の一次に換算した値を R' とすれば

一次負荷電流　　一次負荷電流 $$I_1' = \frac{sV}{\sqrt{(r_2 + R' + sr_1)^2 + s^2(x_2 + x_1)^2}} \tag{3・2}$$

3・2 誘導周波数変換機の入力と出力と回転速度

一次入力

一次入力　　$P_1 = \dfrac{m_1 V^2 s(r_2 + R' + sr_1)}{s(r_2 + R' + sr_1)^2 + s^2(x_2 + x_1)^2}$ （3・3）

機械的出力

機械的出力　　$P_m = \dfrac{m_1 V^2 s(1-s)(r_2 + R')}{(r_2 + R' + sr_1)^2 + s^2(x_2 + x_1)^2}$ （3・4）

となり，これより一次換算の外部そう入抵抗端子電圧E_2は

$$E_2 = I_1'R' = \dfrac{sVR'}{\sqrt{(r_2 + R' + sr_1)^2 + s^2(x_2 + x_1)^2}} \quad (3・5)$$

また抵抗器Rにおける損失P_Rはm_1相に対して

$$P_R = m_1 |I_1'|^2 R' = \dfrac{m_1 V^2 s^2 R'}{(r_2 + R' + sr_1)^2 + s^2(x_2 + x_1)^2} \quad (3・6)$$

もちろんこのときの電動機の内部損失P_lは，鉄損と機械損を無視した場合，一次と二次との銅損の和であり

$$P_l = m_1 |I_1'|^2 (r_1 + r_2) = \dfrac{m_1 V^2 s (r_1 + r_2)}{(r_2 + R' + sr_1)^2 + s^2(x_2 + x_1)^2} \quad (3・7)$$

となる．

誘導周波数変換機

すなわち，別の見方をすれば，この電動機は誘導周波数変換機として，

　　　　$f_2 = sf_1$

なる周波数で(3・5)式の端子電圧により，(3・6)式で示したP_Rなる電力を抵抗Rに供給していることになる．しかもこのときには周波数f_2を保持するために，(3・4)式で示されるP_mなる動力を電動機軸より吸収して（あるいはまた制動をかけて）やらなければならない．そしてこのとき各機械における電力（または動力）の分配は上記各式からもわかるように

　　　　（入力P_1）=（変換電力P_R）+（吸収動力P_m）+（機械の内部損P_l）　（3・8）

となる．

制動機

つぎに第二として制動機範囲の運転を考えてみる．図3・4の電動機を別の電動機で回転磁界と反対の方向に駆動することを想定しよう．図3・5(a)はその接続を示し，図(b)はそのときのトルク速度特性を示す．

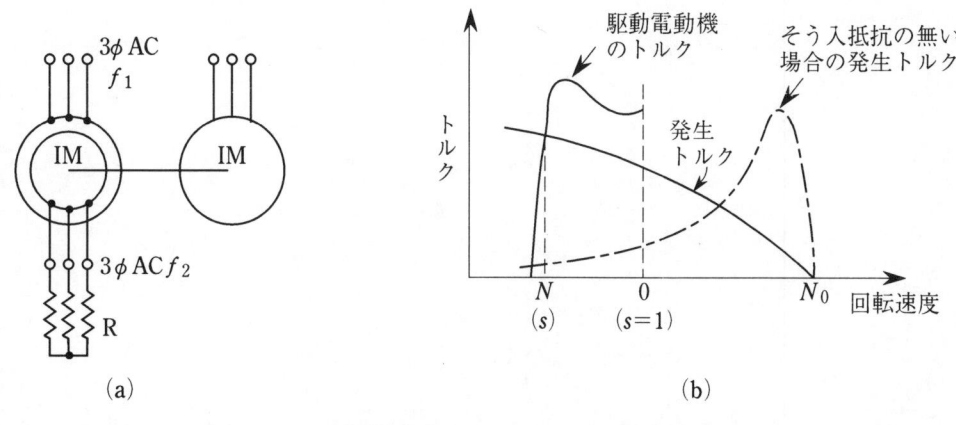

図3・5　制動機範囲における周波数変換機の動作

この場合，前述のような電力の関係は誘導電動機として考える以上すべて使用できる．ただし相違しているところは，前者は滑りが$1>s>0$の範囲であったのに対して後者は$s>1$にあることである．したがって，$(3\cdot4)$式の値は負となり機械的出力ではなく機械的入力ということになる．さらにこのような運転範囲における変換装置の動力分配は$(3\cdot8)$式右辺第2項が負となるため

$$（電気的入力 P_1）+（機械的入力 P_m）$$
$$=（変換電力 P_R）+（機械の内部損 P_l） \quad (3\cdot9)$$

として表わされることになる．

以上のことから一般的に，周波数変換機の負荷として$\dot{Z}=R+jX$なるインピーダンスを接続した場合の特性は図3・6のように表わして計算することができる．

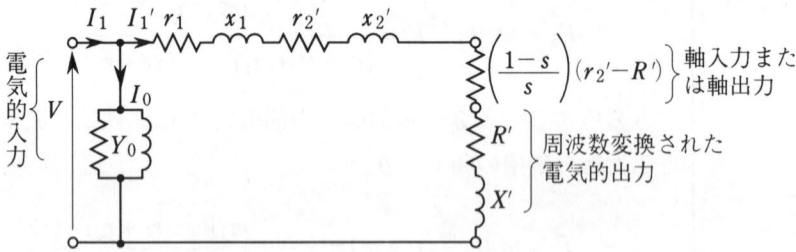

図3・6　誘導周波数変換機の等価回路

誘導周波数変換機を運転する場合に注意を要することは，特に可変比の場合，電源周波数を通過するような範囲を連続的に行うことが非常に困難であることである．なぜならば電源周波数の近傍の二次周波数を出すためにはきわめて低速度の駆動機と，完全停止を行わす制動機をうまく組合わさなければならず技術的に困難を伴うためである．

演習問題

〔問1〕図に示すように，誘導電動機IMによって50Hzより60Hzへ100kWを変換しようとする．IMの極数が4である場合，駆動用電動機DMの回転方向，速度および大略の出力を求めよ．

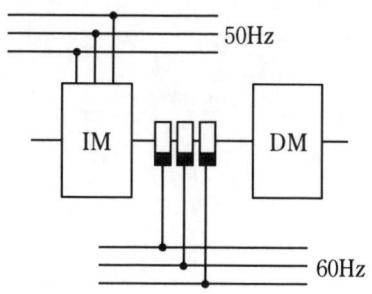

索引

ア行

一次電流軌跡	21
一次入力	27
一次負荷電流	26
運転コンデンサ	17, 18
円回転磁界	17
円回転磁束	6

カ行

可変比周波数変換機	25
回生電流	17
回転子導体	19
回転磁界	1
回転磁束	2
巻線定数	16
機械的出力	6, 27
逆相分電動機	5
くま取りコイル	12
コンデンサ始動コンデンサ電動機	12
コンデンサ分相	12
交差磁界	2
交番磁束	2
合成トルク	4
合成始動トルク	11

サ行

最大始動トルク	16
最大出力	8
最大力率	8
三相誘導周波数変換機	26
始動コンデンサ	17
始動トルク	2, 13
始動電流	9
実効抵抗	23
実効漏れリアクタンス	23
重負荷始動	13
出力線	21
制動機	27
正相分電動機	5
速度起電力	3

タ行

他力始動	9
楕円回転磁界	4
楕円磁束	6
単相制動	6
単相誘導電動機	1
直交磁界	2
停動トルク	8
定比周波数変換機	25
電流軌跡	21
トルクの一般式	16
トルク回転速度特性	2
トルク線	21
特殊かご形誘導電動機	19

ナ行

二次誘起電圧	25
二重かご形回転子	19
二重かご形電動機	21
二相電動機	5

ハ行

反動電動機	13
反発始動	13
反発誘導電動機	14
表皮作用	23
深みぞかご形回転子	22
深みぞ導体	23
分相始動	9
平均トルク	11
補助巻線	9
補助巻線電流	9
補助相の等価回路	15

索引

マ行

脈動トルク 4
無負荷速度 2
漏れ磁束 22

ヤ行

誘導周波数変換機 27

ラ行

リアクトル 11
励磁電流 5

d − book
単相誘導電動機・特殊誘導電動機

2000年11月30日　第1版第1刷発行

著　者	荻野　昭三
発行者	田中久米四郎
発行所	株式会社電気書院 東京都渋谷区富ケ谷二丁目2-17 （〒151-0063） 電話03-3481-5101（代表） FAX03-3481-5414
制　作	久美株式会社 京都市中京区新町通り錦小路上ル （〒604-8214） 電話075-251-7121（代表） FAX075-251-7133

印刷所　創栄印刷株式会社

© 2000 Syozo Ogino　　　　　　　　　　Printed in Japan

ISBN4-485-42974-1　　　　［乱丁・落丁本はお取り替えいたします］

〈日本複写権センター非委託出版物〉

　本書の無断複写は，著作権法上での例外を除き，禁じられています．
　本書は，日本複写権センターへ複写権の委託をしておりません．
　本書を複写される場合は，すでに日本複写権センターと包括契約をされている方も，電気書院京都支社（075-221-7881）複写係へご連絡いただき，当社の許諾を得て下さい．